Bibliografische Information der Deutschen Nationalbibliothek:

Die Deutsche Bibliothek verzeichnet diese Publikation in der Deutschen National-
bibliografie; detaillierte bibliografische Daten sind im Internet über http://dnb.d-
nb.de/ abrufbar.

Impressum:

Copyright © 2015 GRIN Verlag, Open Publishing GmbH
Druck und Bindung: Books on Demand GmbH, Norderstedt Germany
ISBN: 9783668368408

Dieses Buch bei GRIN:

http://www.grin.com/de/e-book/306090/ist-die-erweiterung-des-basophil-activation-
tests-bat-um-die-untersuchung

Nina Obertopp

Ist die Erweiterung des Basophil Activation Tests (BAT) um die Untersuchung der eosinophilen Granulozyten eine Bereicherung?

GRIN Verlag

Ist die Erweiterung des Basophil Activation Test (BAT) um die Untersuchung der
eosinophilen Granulozyten eine Bereicherung?

Projektarbeit T2_3000

des Studienganges Medizin-Technische-Wissenschaften

an der Dualen Hochschule Baden-Württemberg Heidenheim

von

Nina Obertopp

21. August 2015

Bearbeitungszeitraum   12 Wochen

Abstract

Title. Is the additional examination of eosinophils within the scope of the Basophil Activation Test (BAT) an enrichment?

Background. Eosinophils are associated with allergic diseases. However, they are not considered in conventional allergy diagnostic.

Objective. The adaptability of eosinophils to the BAT and its use for the diagnostics of type-1-allergies has been reviewed.

Methods. Specimens were treated according to BAT – protocol. Specimens were stimulated with fMLP and aIgE-Ab for 20 minutes respectively. As possible activation markers, the MFI of CD63 (*n*=19), CD69 (*n*=4), CD11b (*n*=15), FSC (*n*=17) and SSC (*n*=17) were measured and compared to the MFI in medium. Secondary, specimens (n=18) were incubated with fMLP for 15, 20, 30, 45, 60 and 120 minutes. Additionally, the level of activation markers on allergic subjects' eosinophils (dust allergy *n*=2; hay fever *n*=3; cat allergy *n*=2) were compared to the level of activation markers on nonallergic subjects' eosinophils when stimulated with the corresponding allergen.

Results. All activation markers were higher on eosinophils stimulated with fMLP instead of aIgE-Ab. However, CD69 could not be found on eosinophils. When stimulated with fMLP the highest CD63 expression could be measured after an incubation time of 60 minutes (P=0,03), the highest CD11b expression after 15 minutes (P=0,04) and the highest SSC- and FSC-signal after 20 minutes (P=0,06; P=0,02). The level of the activation markers on allergic and nonallergic subjects' eosinophils did not differ when stimulated with the corresponding allergen. The allergens *peanut*, *walnut* and *latex* directly stimulated eosinophils from nonallergic subjects in the matters of the CD63 expression and the FSC-signal (P=0,02/P=0,04; P=0,03/P=0,03; P=0,01/P=0,07). Moreover, the allergens *grass pollen*, *alternaria alternata*, *cat epithelium*, *bee venom* and *wasp venom* directly leaded to an increase of the eosinophils' FSC-signal (P=0,06; P=0,01; P=0,09; P=0,02; P=0,01).

Conclusion. For the additional examination of eosinophils within the scope of the BAT no extra antibodies and no modification of the protocol is needed. Thus, no extra costs would incur. However there could not be shown a benefit concerning the improvement of type-1-allergy diagnostics .

Inhaltsverzeichnis

Abkürzungen

aIgE-Ak	anti Ig-E Antikörper
AND	Anaphylaktische Degranulation
AU	Arbitrary Units
BAL	Bronchoalveoläre Lavage
COX-1	Cyclooxygenase-1
ECP	Eosinophiles kationisches Protein
EDN	Eosinophil-derived neurotoxin
EoE	Eosinophile Ösophagitis
EP	Eosinophile Peroxidase
FACS	Fluorescence-activated cell sorting
Fc	Fragment crystallisable
FcεRI	Hoch-affiner Ig-E Rezeptor
FcεRII	Niedrig-affiner Ig-E Rezeptor
fMLP	Formyl-Methionyl-Leucyl-Phenylalanin
FSC	Forward scatter
GM-CSF	Granulocyte macrophage colony-stimulating factor
IES	The International Eosinophil Society
Ig	Immunglobulin
IL	Interleukin
MBP	Major Basic Protein
NSA	Nichtsteriodale Antirheumatika
PB	Peripheres Blut

PBS	Phosphate Buffered Saline
PE	Phycoerythrin
PMD	Piecemeal Degranulation
PerCP	Peridinin chlorophyll
RBC	Red Blood Cells
SSC	Side scatter
TPA	Tetradecanoylphorbol-acetat

1 Einleitung

1.1 Der eosinophile Granulozyt

1.1.1 Allgemeines

Die eosinophilen Granulozyten werden zu den Leukozyten gezählt. Mit einem Anteil von null bis maximal sieben Prozent im peripheren Blut gesunder Individuen, gehören sie neben den basophilen Granulozyten zu den anteilsmäßig wenigsten Zellen unter den Leukozyten [16]. Zum ersten Mal in den Fokus der Wissenschaft gelangten die eosinophilen Granulozyten im Jahre 1879 durch Paul Ehrlichs Vortrag „Beiträge zur Kenntnis der granulierten Bindegewebszellen und der eosinophilen Leukozyten". Ehrlich entdeckte, dass sich Blutzellen anhand ihrer Färbeeigenschaften unterscheiden ließen. So teilte er die Granula der Leukozyten in Alpha- und Beta-Granula ein. Leukozyten mit Alpha-Granula, welche sich durch saure Farbstoffe wie beispielsweise Eosin anfärben ließen, bezeichnete Ehrlich als eosinophile Leukozyten [10]. Grund für dieses Färbeverhalten der eosinophilen Granulozyten sind die vier basischen in den Vesikeln befindlichen Hauptproteine Eosinophile Peroxidase (EP), Major Basic Protein (MBP), eosinophile kationische Protein (ECP) und eosinophile-derived Neurotoxin (EDN) [32]. Neben ihrer auffälligen roten Granulierung lassen sich eosinophile Granulozyten anhand des segmentierten brillenförmigen Kernes von den anderen Zellen im peripheren Blut mikroskopisch unterscheiden (Abbildung 1).

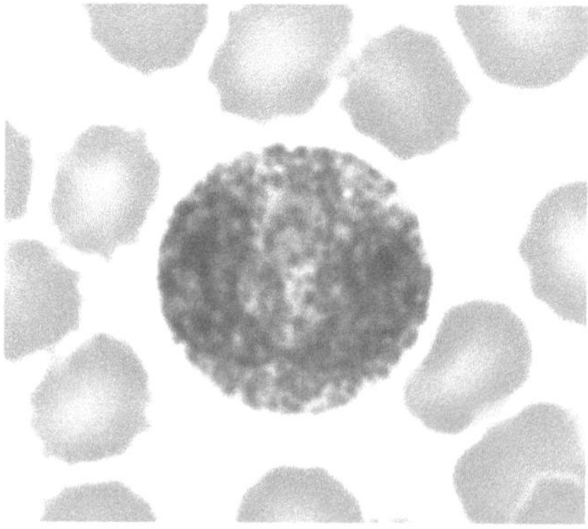

Abbildung 1 Eosinophiler Granulozyt im Blutausstrich; Färbung nach Pappenheim; 1000-fache Vergrößerung.

Wie der Großteil der Leukozyten haben auch die eosinophilen Granulozyten ihren Ursprung im Knochenmark. Das Zytokin IL-5, das weniger spezifische Zytokin IL-3 und GM-CSF induzieren die Differenzierung von der Stammzelle zum eosinophilen Granulozyten. Zudem fördern diese Zytokine das weitere Überleben, mögliche Aktivierung sowie Chemotaxis der eosinophilen Granulozyten. [3] Nach 103 ± 11 Stunden Reifungs- und Speicherungszeit im Knochenmark treten die eosinophilen Granulozyten in das periphere Blut (PB) über. Hier haben die eosinophilen Granulozyten eine Halbwertszeit von 18 ± 2 Stunden. Dies ist sehr kurz angesichts der Lebensdauer anderer Leukozyten (basophile Granulozyten haben beispielsweise eine Halbwertszeit von 62 ± 15 Stunden im PB). [14] [39] Im Gewebe hingegen können sie mehrere Tage, zum Teil auch Wochen, überleben. Im Vergleich zum peripheren Blut sind die eosinophilen Granulozyten im Gewebe zahlreich vertreten (1: 400) [14]. Bei gesunden Menschen lassen sich eosinophile Granulozyten hauptsächlich im Gastrointestinaltrakt finden, im geringeren Ausmaße auch im lymphatischen Gewebe. Bei pathologischen Geschehen können die eosinophilen Granulozyten auch in andere Gewebe, wie zum Beispiel die Lunge, abwandern [20].

In jüngster Zeit zeigt sich in der Wissenschaft ein steigendes Interesse an den eosinophilen Granulozyten. Während von 1911 bis 1940 im Durchschnitt zwei Publikationen pro Jahr in PudMed erschienen sind, ist seit 1960 ein erheblicher Anstieg von bis zu 1000 Publikationen pro Jahr zu verzeichnen (Abbildung 2). Dieser Anstieg hängt nicht nur, wie man zunächst vermuten könnte, mit dem generellen Anstieg an Publikationen in PubMed zusammen. Auch der Anteil der Publikationen über eosinophile Granulozyten gemessen an der Gesamtheit aller Publikationen in PubMed hat sich seit den 1960er bis dato verdreifacht [20].

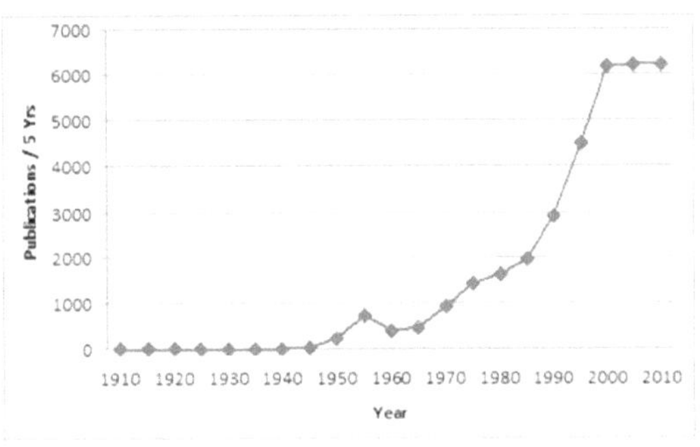

Abbildung 2: In PudMed gelistete Publikationen / 5 Jahre [13]

Aufgrund des steigenden Bewusstseins über die klinische Relevanz eosinophiler Granulozyten und das noch geringe Wissen darüber hat sich 1999 in Schweden die Internationale Esoinophilen Gemeinschaft (IES) gegründet. Eine Gemeinschaft aus Wissenschaftlern und Klinikern, welche die Erforschung über die Biologie und Pathologie der eosinophilen Granulozyten zum Ziel hat und fördert [13].

1.1.2 Eosinophile Granulozyten im Zusammenhang mit Allergien

Neben zahlreichen Krankheitsbildern wie beispielsweise dem Churg-Strauss-Syndrom, eine granulomatöse Entzündung der kleinen Blutgefäße, oder den Eosinophilen Grastroenteropathien spielen eosinophile Granulozyten auch bei allergischen Reaktionen eine nicht zu unterschätzende Rolle [3] [41].

Die Pathologen Coombs und Gell teilten die Allergien in den 60er Jahren in vier Typen ein. Mit 90 % ist die Typ-1- Allergie, auch „Soforttyp-Allergie" genannt, die häufigste Form. [31] Bei der Soforttyp-Allergie kommt es innerhalb von 30 – 60 Minuten durch die Mediatorenausschüttung der basophilen Granulozyten und der Mastzellen zu einer Reaktion des Körpers. Erst Ende der 90er Jahre fand man heraus, dass diese Sofortreaktion bei 50 % der Patienten von einer sogenannten „Spätphase" gefolgt ist. Die Spätphase setzt zwei bis acht Stunden nach Kontakt mit dem Allergen ein und dauert ein bis zwei Tage an. Durch die Mediatorenausschüttung der basophilen Granulozyten und Mastzellen werden eosinophile Granulozyten und Th2-Lymphozyten angelockt, welche zu dem Entzündungsherd infiltrieren. Die eosinophilen Granulozyten reagieren an dem Entzündungsherd entweder direkt auf das Allergen über IgE- oder IgG-Rezeptoren oder indirekt via C3d-Rezeptoren. Es kommt zu einer zweiten Kontraktionsphase der Muskulatur und zur Ödembildung. Hierdurch kann es zu schweren langanhaltenden Erkrankungen kommen wie zum Beispiel zum chronischem Asthma. Da diese Reaktion, neben den eosinophilen Granulozyten, durch T-Zellen vermittelt wird, handelt es sich bei der Spätphase im Prinzip um eine Typ-4-Allergie [18] [27].

1.1.3 Oberflächenrezeptoren auf den eosinophilen Granulozyten

Eosinophile Granulozyten tragen eine Vielzahl an unterschiedlichen Rezeptoren auf Ihrer Oberfläche. Diese lassen sich unterteilen in Adhäsionsrezeptoren, Zytokin- und Wachstumsfaktorrezeptoren, Chemokinrezeptoren und Fc-Rezeptoren (Abbildung 2).

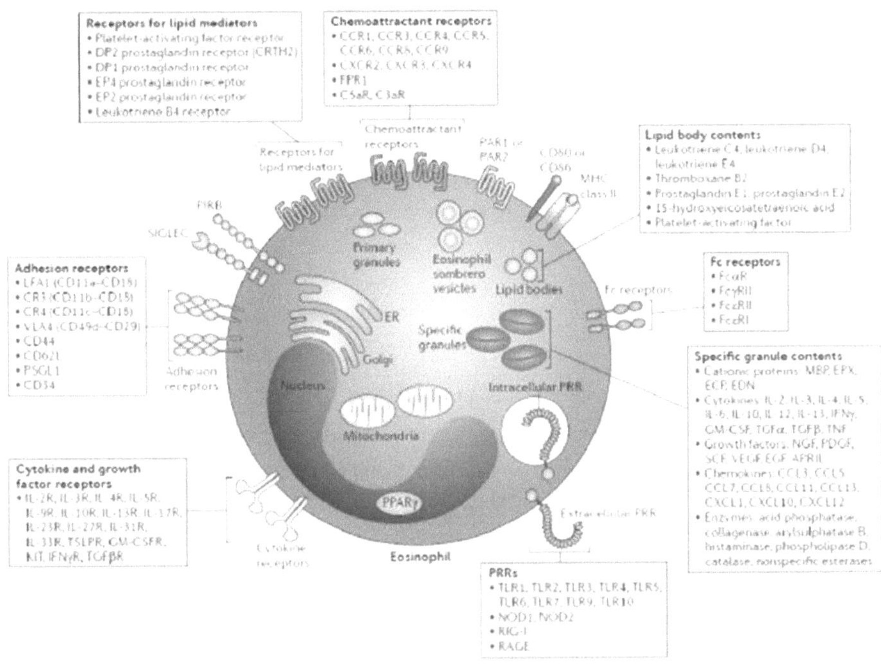

Abbildung 3: Übersicht der Oberflächenrezeptoren des eosinophilen Granulozyten [32]

Mehrere Studien haben sich mit der Frage befasst, ob und welche IgE-Rezeptoren auf den eosinophilen Granulozyten exprimiert werden. Sano et al. (1999) beschreiben eine sehr niedrige Expression des niedrig-affinen IgE-Rezeptors FcεRII auf ruhenden Zellen. Intrazellulär konnte hingegen durch Permeabilisierung der Zellmembran eine hohe Expression von FcεRII untersucht werden. Bei Aktivierung der Eosinophilen zeigte sich eine schnelle Translokation der intrazellulären FcεRII an die Oberfläche der eosinophilen Granulozyten [34]. Auch der hoch-affine IgE-Rezeptor FcεRI konnte auf eosinophilen Granulozyten nachgewiesen werden, dies allerdings nur im sehr geringen Maße. Atopikern hingegen weisen eine erhöhte FcεRI Expression auf. Das Vorhandensein von IgE-Rezeptoren lässt die Vermutung zu, dass neben den basophilen Granulozyten und Mastzellen auch eosinophile Granulozyten mit IgE-induzierten allergischen Reaktion im Zusammenhang stehen [36].

Bereits in den 80er Jahren konnten Versuche zeigen, dass eosinophile Granulozyten auf das chemotaktisch hoch wirksame fMLP reagieren [43]. Dies wurde durch eine pädiatrische Studie bestätigt, in der eine fMLP-Expression auf eosinophilen Granulozyten nachgewiesen werden konnte, wobei die Expression von neonatalen eosinophilen Granulozyten signifikant höher war als die von adulten eosinophilen Granulozyten. Zudem führte bei dieser Studie die Inkubation der eosinophilen Granulozyten mit fMLP zu einer Hochregulation des Antigens CD11b [26].

Neben der Expression des Integrins CD11b [24] [12] wird die Expression des Lektinproteins CD69 [28] [21] und des Vesikel-assoziierten CD63 [17] [22] ebenfalls mit der Zellaktivierung eosinophiler Granulozyten in Zusammenhang gebracht.

1.1.4 Degranulation

Die Degranulation ist eine Form der Exozytose. Unter Exozytose versteht man das Verschmelzen von Vesikeln mit der Plasmamembran und somit das Ausschütten des Vesikelinhaltes in den extrazellulären Raum [20]. Grundsätzlich wird die Exozytose in die konstitutive und in die geregelte Exozytose eingeteilt. Die konstitutive Exozytose vollzieht sich fortwährend in allen eukaryotischen Zellen. Sie stellt einen stetigen Strom von Vesikeln dar, welche vom trans-Golgi-Netz abgeschnürt werden und mit der Plasmamembran verschmelzen. Hierbei werden beispielsweise neu synthetisierte Lipide und Proteine transportiert, welche die Plasmamembran zum Aufbau nach einer Teilung benötigt. Für die konstitutive Exozytose wird keine besondere Signalsequenz benötigt [1].

Die geregelte Exozytose hingegen, benötigt ein extrazelluläres Signal und findet sich nur bei Zellen, welche auf die Sekretion spezialisiert sind. Hierzu zählen die eosinophilen Granulozyten. Die neu synthetisierten Proteine werden ebenfalls vom trans-Golgi-Netz abgeschnürt und anschließend in sekretorischen Vesikeln gespeichert. Die sekretorischen Vesikel beziehungsweise die spezifische Granula der eosinophilen Granulozyten enthalten die vier oben bereits erwähnten Hauptproteine EP, MBP, ECP und EDN, zudem eine Vielzahl an Zytokinen, Enzymen und Wachstumsfaktoren [32]. Die sekretorischen Vesikel sammeln sich nähe der Plasmamembran und entleeren sich auf ein entsprechendes extrazelluläres Signal hin. Bei der Exozytose wird das Vesikel zum Teil der Membran, wodurch es zu einer Zelloberflächenvergrößerung kommt. Die Zelloberflächen ist allerdings nur vorübergehend vergrößert, da die Endozytose wiederum zu einer Verkleinerung der Zelloberfläche führt [1].

Im Zusammenhang mit der Degranulation eosinophiler Granulozyten ist häufig die Rede von der *Piecemeal (engl. „stückweise") degranulation (PMD)*. Dvorak beschrieb 1975 mit Hilfe der Elektronenmikroskopie erstmals den Prozess der PMD bei Mastzellen, basophilen Granulozyten und eosinophilen Granulozyten [8][9][25]. Die Untersuchung ultrastruktureller Veränderungen der eosinophilen Granula durch die PMD ist nach wie vor Bestandteil von Studien (Abbildung 4). Die PMD unterscheidet sich von der geregelten Exozytose in erster Linie darin, dass es zu keiner Fusion der Granula mit der Plasmamembran kommt. Somit vollzieht sich keine Gesamtentleerung der Granula zu einem Zeitpunkt. Bei der PMD kommt es zu einer stückweisen Entleerung der Granula. Dieser Prozess wird durch sekretorische Vesikel ermöglicht, welche die Proteine von der Granula zu der Plasmamembran transportieren. Es wird angenommen, dass die PMD die häufigste Form der Exozytose bei eosinophilen Granulozyten darstellt [8][20][38].

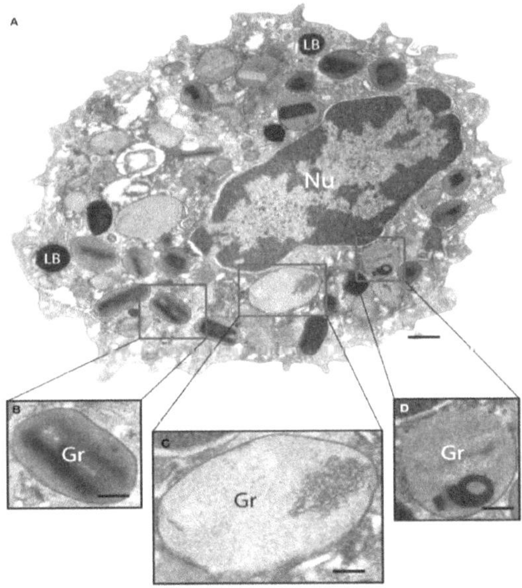

Abbildung 4: Ultrastruktur eines humanen eosinophilen Granulozyten mit Anzeichen auf PMD. Die spezifische Granula (Gr) weisen unterschiedliche Füllungszustände auf, was von einer PMD zeugt. (A) aufgehellte Zonen im Granula-Kern, (C) Vergrößerung und verminderte Elektronendichte, (D) Rückstände des Granula-Kerns. Die eosinophilen Granulozyten wurden von gesunden Individuen isoliert, für 1h mit Eotaxin-1 stimuliert, sofort fixiert und für die Transmissionselektronenmikroskopie präpariert. Nu, Nukleus; LB, Lipidkörper. Maßstab: 500nm (A); 170nm (B-D) [38]

Neben der PMD beschrieb Dvorak die Anaphylaktische Degranulation (AND). Die AND stellt eine schnell ablaufende, explosionsartige Sekretion dar, welche mit der IgE-vermittelten Soforttyp-Allergie in Zusammenhang gebracht wird. Der Vesikel-Verkehr innerhalb der Zelle läuft hier sehr rasant ab, sodass es teilweise zu einer gleichzeitigen Fusion zwischen Granula, sekretorischen Vesikel und Plasmamembran kommt [6].

1.2 Der Basophil Activation Test (BAT)

Der Basophil Activation Test (BAT) wurde entwickelt, um bestimmte Allergien sensitiver (vor allem Medikamenten-Allergien [7]) und/oder für den Patienten sicherer nachweisen zu können. Bei häufig angewandten herkömmlichen Diagnostikverfahren wie beispielsweise dem Hauttest oder dem Oralen Provokationstest kommt der Patient, anders als beim BAT, mit dem entsprechenden Allergen direkt in Kontakt, was in seltenen Fällen zu einem anaphylaktischen Schock führen kann. Durch den BAT konnte beispielsweise die Anzahl benötigter oraler Provokationstest zur Diagnostik einer Erdnussallergie um zwei Drittel reduziert werden [35].

Bei dem durchflusszytometrischen Verfahren macht man sich die Tatsache zu Nutze, dass basophile Granulozyten allergischer Individuen spezifische IgE-Antikörper auf ihrer Oberfläche tragen. Bei dem Kontakt mit dem entsprechenden Allergen kommt es zu einer Kreuzvernetzung der IgE-Antikörper-Rezeptoren (FcεRI). Durch die Kreuzvernetzung wird eine intrazelluläre Signalkaskade ausgelöst, welche in der Degranulation endet. Bei der Degranulation wird das vorher intrazellulär auf den Vesikeln befindliche CD63 exprimiert und CD203c (CR3) hochreguliert (Abbildung 5) [2][31].

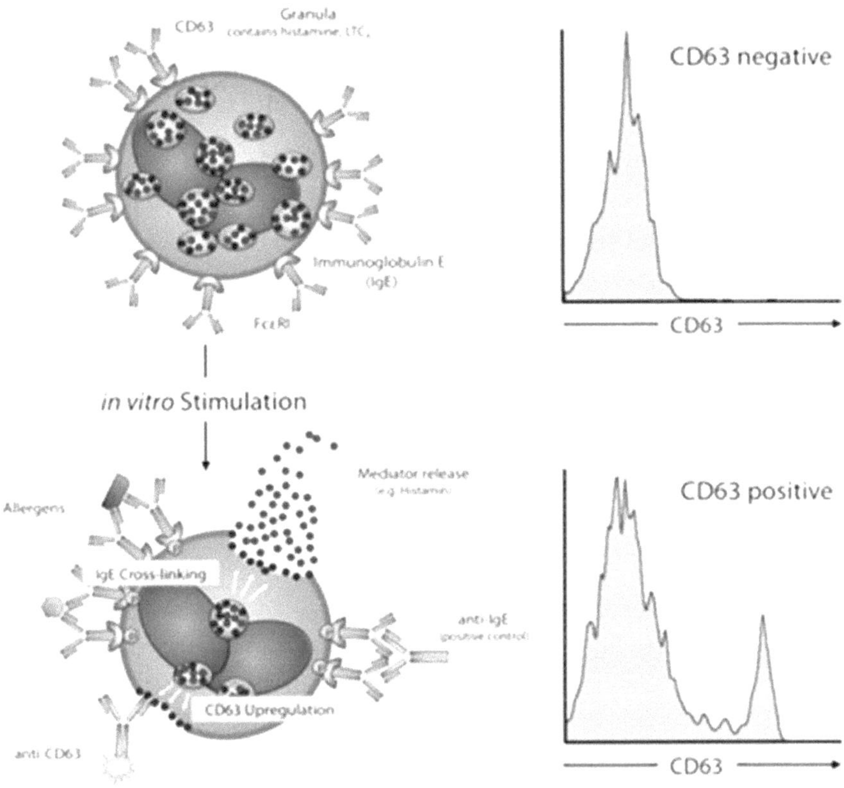

Abbildung 5: Prinzip des BAT. (Oben) Nicht stimulierte eosinophile Granulozyten expremieren kein CD63 , da sich dies nur intrazellulär befindet. (Unten) Bei der Stimulation bspw. mit einem anti-IgL-Ak kommt es zu einer Kreuzvernetzung der IgE-Rezeptoren, zur Degranulation und dadurch zur CDG3-Expression. (Rechts) Darstellung der CD63-Expression in einem Histogramm (Quelle: http://www.adr-ac.ch/en/diagnostics/bat/ [22.06.2015])

Knol et al. (1991) waren die ersten, die eine Korrelation zwischen der Expression von CD63 auf basophilen Granulozyten und der Histaminfreisetzung feststellen konnten [19]. 1998 folgte dann durch Sainte-Laudy et al. das erste auf CD63 basierende Protokoll zum Aktivierungsnachweis der basophilen Granulozyten [33].

Vor allem bei der Diagnostik von Lebensmittelallergien wie der Erdnussallergie wiesen mehrere Studien eine gute Sensitivität sowie Spezifität des BAT nach [35]. Bei der Diagnostik von Medikamenten-Allergien oder Latex-Allergien zeichnet sich der BAT vor allem durch seine hohe Spezifität aus. Bei einem negativen Testergebnis kann man in der Regel mit einer

Sicherheit von über 90% davon ausgehen, dass man gegen das entsprechende Allergen nicht allergisch ist. Die Sensitivität des BAT bei der Testung von Medikamenten-Allergien oder Latex-Allergien hingegen liegt gerademal bei 50 – 75% [4][12].

Zu den Medikamenten-Allergien zählen beispielsweise Überempfindlichkeitsreaktionen bei nichtsteriodalen Antirheumatika (NSA) (unter anderem Aspirin, Ibuprofen und Diclofenac). Diese sind vor allem bei Patienten mit Asthma und chronischer Nesselsucht verbreitet. Man weiß, dass ein Großteil dieser Reaktionen nicht IgE-vermittelt sind, sondern auf der pharmakologischen Wirkung von NSA beruhen. NSA inhibieren das Enzym COX-1, was unter anderem zu einer Mediatorenausschüttung der eosinophilen Granulozyten führt [15].

1.3 Zielsetzung

Die eosinophilen Granulozyten fanden lange nur wenig Beachtung in der Wissenschaft. Inzwischen weiß man, dass sie nicht nur zur Abwehr von Helminthen dienen, sondern beispielsweise auch eine Rolle in der Pathogenese von Allergien spielen.

Die zusätzliche Untersuchung der eosinophilen Granulozyten könnte helfen, die Diagnostik von Allergien, beispielsweise hinsichtlich Sensitivität und Spezifität, zu verbessern.

In dieser Arbeit soll untersucht werden, in wie weit es aus medizinisch-technischer Sicht möglich beziehungsweise praktikabel ist, den BAT um die Untersuchung von eosinophilen Granulozyten zu erweitern. Hierzu zählen die konkreten Fragestellungen, ob für die eosinophilen Granulozyten die gleichen Positivkontrollen (fMLP und aIgE-Ak) verwendet werden können wie für die basophilen Granulozyten. Wie lange die eosinophilen Granulozyten für den Prozess der Degranulation bei 37 Grad inkubiert werden müssen und durch welche Aktivierungsmarker die Degranulation der eosinophilen Granulozyten nachgewiesen werden kann.

Neben all den medizinisch-technischen Fragestellungen, steht letztendlich die Frage des klinischen Nutzens im Vordergrund. Hierfür wurde untersucht, wie sich die eosinophilen Granulozyten allergischer und nicht allergischer Spender bei Inkubation mit unterschiedlichen Allergenen verhalten.

2 Material und Methoden

2.1 Probengewinnung

Es wurden sowohl allergische Spender, als auch Spender ohne Allergie gesucht. Potentielle Spender wurden per Aushang über die Versuchsreihe informiert und zur Teilnahme aufgerufen. Die Vollblutentnahme erfolgte mit 2,7 ml Sarstedt Heparin-Monovetten. Der Allergiestatus der Patienten wurde durch einen Fragebogen ermittelt (Anhang).

2.2 Basophil Activation Test - Protokoll

Bei allen Versuchsansätzen wurde nach dem BAT-Protokoll gearbeitet. Zunächst wurden jeweils 50 µl in jedes FACS-Röhrchen vorgelegt. Anschließend wurde das entsprechende Reagenz (PBS, algE-Ak, fMLP oder Allergen) (Tabelle 1), je nach Ansatz, hinzu pipettiert. Die Probe wurde gevortext und bei 37 Grad im Wasserbad für 20 Minuten inkubiert. Der sich hierbei vollziehende Prozess der Degranulation wurde gestoppt, indem die Proben anschließend in ein bei vier Grad vorgekühltes Chill5-Rack gestellt wurden. Unmittelbar danach erfolgte die Färbung durch Zugabe des Master-Mixes mit den Fluorochrom-markierten Antikörpern (Tabelle 2). Die Probe wurde gut gemischt und bei vier Grad im Dunklen für fünfzehn Minuten inkubiert. Nach der Färbung wurden die Erythrozyten im Vollblut durch Zugabe von 1x RBC-Lysis Solution lysiert. Nach Zugabe der 1x RBC-Lysis Solution wurden die Proben gründlich gevortext und mindestens zwölf Minuten im Dunklen bei Raumtemperatur inkubiert. Anschließend war die Probe messfertig und wurde am MACSQuant-Analyzer gemessen. Die Messdaten wurden an der MACSQuantify Software ausgewertet.

Tabelle 1 Auflistung der verwendeten Chemikalien beziehungsweise Reagenzien

Chemikalie / Reagenz	Hersteller
fMLP	Glycotope
RBC Lyse	Miltenyi Biotec
Cell Wash	BD Bioscience
PBS	Miltenyi Biotec

Tabelle 2 Auflistung der verwendeten Antikörper

Antikörper	Fluorochrom	Lot / Klon	Hersteller
aIgE	nicht markiert	26G2	Miltenyi Biotec
CD11b	PE-Vio 770	5150630172	Miltenyi Biotec
CD63	FITC	5150630160	Miltenyi Biotec
CD69	APC	120002598	Miltenyi Biotec
CD193	VioBlue	5150713093	Miltenyi Biotec

2.3 Gating der eosinophilen Granulozyten am Durchflusszytometer

Das so genannte Gating beziehungsweise das Identifizieren der eosinophilen Granulozyten am Durchflusszytometer gestaltet sich im Gegensatz zu dem Gating anderer Leukozyten schwierig. Dies hängt zum einen mit der verhältnismäßig kleinen Anzahl der Zellen zusammen. Vor allem aber ist es der Tatsache geschuldet, dass es für die eosinophilen Granulozyten keinen für sie spezifischen Identifiktaionsmarker gibt. Hier kann man sich mit der Autofluoreszenz der eosinophilen Granulozyten behelfen. Werden sie mit dem in Durchflusszytometern gebräuchlichen blauen Laser (488nm) angeregt, lassen sie sich aufgrund ihrer Autofluoreszenz ohne vorherige Markierung mit fluorochrom-markierten Antikörpern in unterschiedlichen Kanälen wie zum Beispiel PE (585 nm) oder VioGreen (520 nm) darstellen. Bei Anregung durch einen Helium-Neon-Laser (633 nm) zeigen die Zellen hingegen keine Autofluoreszenz. Ethier et al. empfehlen als Gatingstrategie für die eosinophilen Granulozyten eine Kombination aus der Detektion der CCR3 (CD193) – Expression und der Autofluoreszenz. Bei dem Rückgaten der CD193$^+$ Zellen auf die autofluoreszierenden Zellen konnte eine sehr gute Übereinstimmung festgestellt werden [11][20[42] . Eine weitere jedoch ältere Methode ist das Gaten der eosinophilen Granulozyten über SSC gegen CD16. Hier grenzen sich die eosinophilen Granulozyten von den übrigen Leukozyten, vor allem von den neutrophilen Granulozyten, durch ihr hohes SSC-Signal und das Fehlen der CD16 – Expression ab [29].

In dieser Arbeit wollte man sich aus praktikablen Gründen auf das Gaten der eosinophilen Granulozyten entweder über CD193$^+$ oder über ihre Autofluoreszenz (VioGreen - 520nm) festlegen. Hierfür wurde die CD63-Expression, das FSC-Signal und die Anzahl eosinophiler Granulozyten verglichen, welche entweder durch CD193$^+$ oder durch ihre Autofluoreszenz identifiziert wurden. Vier unterschiedliche Spenderblüter wurden zum einen mit PBS und zum anderen mit fMLP inkubiert, es wurde nach dem BAT-Protokoll gearbeitet.

In allen folgendenen Versuchen wurden die eosinophilen Granulozyten nach Ausschluss der Dupletten über FSC-H gegen FSC-A und nach Auschluss des Debri über SSC gegen FSC anhand ihrer Autofluoreszenz identifiziert beziehungsweise gegated (Abbildung 6).

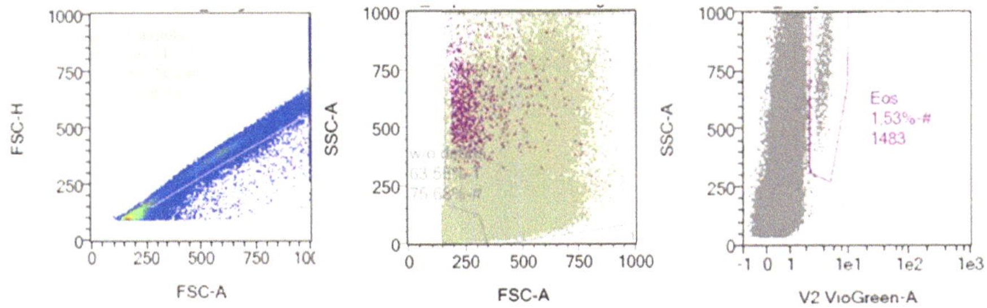

Abbildung 6 Gating-Schema zur Identifikation der eosinophilen Granulozyten

2.4 Aktivierungsmarker und Positivkontrollen

Um eine Aktivität der eosinophilen Granulozyten nachweisen zu können, war das erste Bestreben das Finden eines geeigneten Aktivierungsmarkers. Zur Untersuchung der Expression der in Frage kommenden Aktivierungsmarker, wurden die eosinophilen Granulozyten mit dem im BAT gebräuchlichen Positivkontrollen fMLP und aIgE-Ak nach BAT-Protokoll stimuliert.

Als mögliche Aktivierungsmarker wurden CD63 (n = 19), CD69 (n = 4) und CD11b (n = 15) in Betracht gezogen. Neben den Aktivierungsmarkern wurde das Verhalten der eosinophilen Granulozyten sowohl im SSC-Kanal (n = 17), als auch im FSC-Kanal (n = 17) untersucht. Die Signale im SSC- und FSC-Kanal korrelieren mit der Granularität beziehungsweise mit der Größe der Zellen [5]. Granularität und Größe könnten ebenfalls Aufschluss über eine mögliche Aktivierung der Zellen geben. Untersucht wurde jeweils die mediane Fluoreszenzintensität (MFI).

2.5 Kinetik zur Inkubation bei 37 Grad

Bei den Versuchen in *Aktivierungsmarker und Positivkontrollen* wurden die Proben gemäß BAT-Protokoll für 20 Minuten bei 37 Grad im Wasserbad inkubiert. Um auszuschließen, dass für die Hochregulation beziehungsweise Expression der Aktivierungsmarker auf den eosinophilen Granulozyten eine längere Verweildauer im temperierten Wasserbad benötigt wird, wurde eine Kinetik angestellt.

Die Proben (n = 18) wurden mit fMLP als Stimulans jeweils 15, 20, 30, 45, 60 und 120 Minuten bei 37 Grad im Wasserbad inkubiert. Ansonsten wurde verfahren wie im BAT-Protokoll beschrieben. Es wurde je Aktivierungsmarker der Mittelwert der medianen Fluoreszenzintensitäten (MFI) untersucht.

2.6 Aktivierungsmarker und unterschiedliche Allergene

Das Spenderblut von Nicht-Allergikern und Allergikern wurde nach BAT-Protokoll mit unterschiedlichen Allergenen Inkubiert (Tabelle 3). Anschließend wurde die MFI der Aktivierungsmarker untersucht.

Tabelle 3 Auflistung verwendeter Allergene

Allergen	Hersteller	Endkonzentration / ml Vollblut	Anzahl getesteter Nicht-Allergiker	Anzahl getesteter Allergiker
Dermato farinae	Hal Allergy Group	4 AU	8	2
Dermato pteronyssinus	Hal Allergy Group	4 AU	8	2
Gräserpollen*	Hal Allergy Group	4 AU	8	3
Getreidepollen**	Hal Allergy Group	4 AU	4	3
frühblühende Bäume***	Hal Allergy Group	4 AU	3	2
Hundeepithel	DST-diagnostic	0,04 µg	9	0
Katzenepithel	DST-diagnostic	0,04 µg	7	2
Haselnuss	DST-diagnostic	0,04 µg	8	1
Walnuss	DST-diagnostic	0,04 µg	8	1
Erdnuss	DST-diagnostic	0,04 µg	9	0
Bienengift	Labor Dr. Weyers	0,02 µg	9	0
Wespengift	Labor Dr. Weyers	0,02 µg	8	0
Alternaria Alternata	DST-diagnostic	0,04 µg	10	0
Latex-Extrakt	Labor Dr. Weyers	0,012 µg/ml	12	1

*Agrostis stolonifera (Weißes Straußgras)
Anthoxanthum odoratum (Wohlriechendes Rauchgras)
Dactylis glomerata (Knäulgras)
Lolium perenne (Deutsches Weidegras)
Arrhenatherum elatius (Glatthafer)
Festuca rubra (Rotschwingel)   **Triticum sativum
Poa pratensis (Wiesenrispengras)   (Weizen)   ***Corylus avellana
Secale cereale (Roggen)   Secale cereale (Roggen)   (Hasel)
Phleum pratense (Wiesenlieschgras)   Avena sativa (Hafer)   Betula verrucosa (Birke)
Holcus lanatus (Wolliges Honiggras)   Hordeum vulgare (Gerste)   Alnusglutinosa (Erle)

Aussagen über Unterschiede zwischen Allergiker und Nicht-Allergiker hinsichtlich der Expression der Aktivierungsmarker konnten nur für die Allergene Dermato farinae, Dermato pteronyssinus, Gräserpollen, Getreidepollen, frühblühende Bäume und Katzenepithel gemacht werden. Denn nur für diese Allergene war die Anzahl der getesteten Allergiker ≥ zwei.

Für die Allergene, bei welchen ein oder mehrere Aktivierungsmarker der eosinophilen Granulozyten signifikant erhöht waren, wurde zusätzlich die MFI der CD63-Expression auf den basophilen Granulozyten untersucht. Dies tat man, um eine Verunreinigung der Allergene und somit eine künstliche Erhöhung der eosinophilen Aktivierungsmarker auszuschließen.

2.7 Statistische Auswertung

Zur Beurteilung der Signifikanz der Ergebnisse wurde der einseitige t-Test mit $p < 0{,}1$ verwendet.

3 Ergebnisse

3.1 Identifikation der eosinophilen Granulozyten am Durchflusszytometer

Die eosinophilen Granulozyten jeweils eines Ansatzes wurden sowohl über CD193⁺ als auch über ihre Autofluoreszenz gegatet (Abbildung 7). Die CD63-Expression (MFI) sowie das FSC-Signal (MFI) waren bei den eosinophilen Granulozyten, welche über ihre Autofluoreszenz gegatet wurden, im Durchschnitt vier Prozent höher, als bei denen, welche über CD193⁺ gegated wurden. Die Anzahl der eosinophilen Granulozyten war um weniger als ein Prozent höher, wenn sie über CD193⁺ identifiziert wurden. Diese Beobachtungen trafen sowohl für die PBS-Ansätze, als auch für die Proben, welche mit fMLP stimuliert wurden, zu.

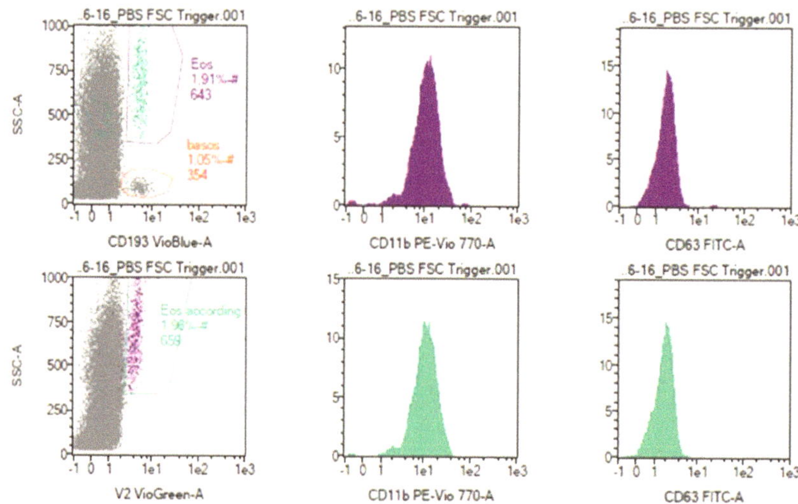

Abbildung 7 Vergleich zweier Gating-Strategien für die Identifikation eosinophiler Granulozyten. CD193+ (oben, lila) versus Autofluoreszenz (unten, grün). Zur Verdeutlichung der Übereinstimmung werden die CD193+ eosinophilen Granulozyten im unteren Dotplot (lila) und die autofluoreszierenden eosinophilen Granulozyten im oberen Dotplot (grün) dargestellt.

3.2 Aktivierungsmarker und Positivkontrollen

Zum Finden eines geeigneten Aktivierungsmarker wurden die eosinophilen Granulozyten der Spender mit PBS, anti-IgE-Ak und fMLP jeweils stimuliert. Die MFI der potentiellen Aktivierungsmarker wurde untersucht.

Weder durch Stimulation mit aIgE-Ak (45,6 ± 3,9; p = 0,45) noch mit fMLP (5,1 ± 2,3; p = 0,65) konnte eine signifikante Erhöhung der CD63-Expression auf eosinophilen Granulozyten festgestellt werden (Abbildung 8).

Abbildung 8 CD63-Expression der eosinophilen Granulozyten nach Inkubation mit PBS, anti-IgE-Ak und fMLP

Die MFI von CD69 betrug im Durchschnitt 0,28. Unabhängig davon, ob die Probe mit PBS, aIgE-Ak oder fMLP stimuliert wurde.

Proben, welche durch aIgE-Ak stimuliert wurden, wiesen eine niedrigere CD11b-Expression auf als nicht stimulierte (PBS) Proben auf (38,6 ± 38,8; p = 0,79). Bei Proben, welche mit fMLP stimuliert wurden, war die CD11b-Expression signifikant erhöht (79,6 ± 71,3; p = 0,07) (Abbildung 9).

Abbildung 9 CD11b-Expression der eosinophilen Granulozyten nach Inkubation mit PBS, anti-IgE-Ak und fMLP

Weder durch die Stimulation mit aIgE-Ak (639,8 ± 63,9; p = 0,65) noch mit fMLP (664, 4 ± 59,9; p = 0,13) konnte eine signifikante Erhöhung der MFI im SSC-Kanal festgestellt werden (Abbildung 10).

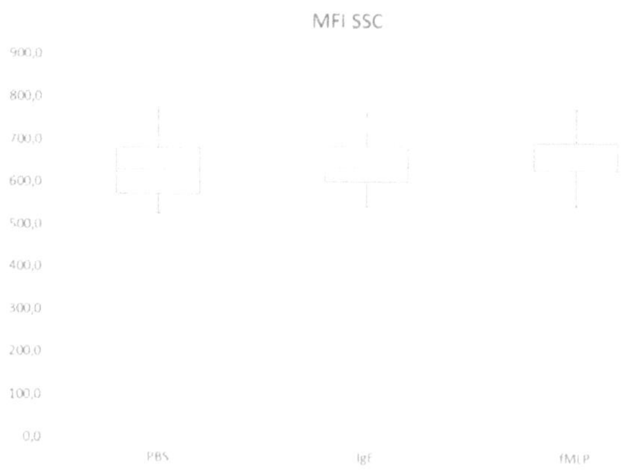

Abbildung 10 SSC (MFI) der eosinophilen Granulozyten nach Inkubation mit PBS, anti-IgE und fMLP

Durch die Stimulation mit aIgE-Ak (470,8 ± 80,6; p = 0,31) lassen sich keine signifikanten Veränderungen im FSC-Kanal feststellen. Bei Stimulation mit fMLP (523,7 ± 119; p = 0,03) allerdings ist das FSC-Signal der eosinophilen Granulzyten deutlich erhöht (Abbildung 11).

Abbildung 11 FSC (MFI) der eosinophilen Granulozyten nach Inkubation mit PBS, anti-IgE-Ak und fMLP

3.3 Kinetik zur Inkubation bei 37 Grad

Um eine eventuell erst später einsetzende Expression eines Aktivierungsmarkers nicht ungeachtet zu lassen, wurde eine Kinetik zu Verweildauer im temperierten Wasserbad mit fMLP als Stimulans angestellt.

Das größte FSC- sowie SSC-Signal (MFI) konnte bei einer Inkubationszeit von 20 Minuten gemessen werden (p = 0,02; p = 0,06). Die Expression von CD11b hingegen, war bei einer Inkubationszeit von 15 Minuten am höchsten (p = 0,04) und nahm mit zunehmender Verweildauer bei 37 Grad sukzessive ab.

Die Expression von CD63 war bei einer Inkubationszeit von 15 Minuten im Vergleich zu dem PBS-Ansatz deutlich erhöht (p =0,096). Bei einer Inkubationszeit von 20, 30 oder 45 Minuten (p = 0,58; p = 0,29; p = 0,32) zeigte sich allerdings kein signifikanter Unterschied der CD63-Expression zum PBS-Ansatz. Die im Durchschnitt maximale CD63-Expression wurde bei 60 Minuten (p = 0,03) erreicht (Abbildung 12).

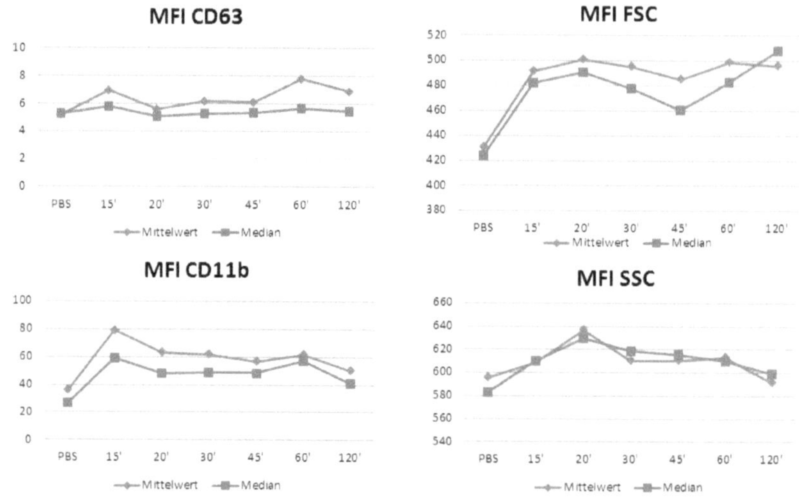

Abbildung 12 Die MFI der untersuchten Aktivierungsmarker (CD63, CD11b, FSC, SSC) in Abhängigkeit der Verweildauer im Wasserbad bei 37 Grad (n = 18).

Da in *Aktivierungsmarker und Positivkontrollen* keine CD69-Expression auf eosinophilen Granulozyten festgestellt werden konnte, wurde für diesen Marker eine Kinetik von zwei, vier und vierundzwanzig Stunden angestellt (n = 2). Nach 24 Stunden betrug die MFI von CD69 0,48 und zeigte somit keinen Unterschied zu dem PBS-Ansatz (p = 0,36).

3.4 Aktivierungsmarker und unterschiedliche Allergene

Aufgrund der Ergebnisse des Abschnittes *Aktivierungsmarker und Positivkontrollen* wurde hier lediglich die MFI von CD63, CD11b und FSC untersucht.

Bei Inkubation mit dem Walnussextrakt (p = 0,04), dem Erdnussextrakt (p = 0,03) und dem Latexextrakt (p = 0,07) war die Expression von CD63 auf den eosinophilen Granulozyten nicht allergischer Individuen im Verhältnis zum PBS-Ansatz signifikant erhöht. Bei allen weiteren ausgetesteten Allergenen war kein signifikanter Anstieg der CD63-Expression zu verzeichnen. Ein signifikanter Unterschied zwischen Allergiker und Nicht-Allergiker zeigte sich nur bei dem Allergen frühblühende Bäume: Die MFI der CD63-Expression betrug bei allergischen Individuen 2,1 ± 0,004, bei Allergikern 4,0 ± 0,46 (p = 0,06).

Die MFI des FSC-Signals eosinophiler Granulozyten von Nicht-Allergikern war ebenfalls bei der Inkubation mit dem Walnussextrakt (p = 0,02), dem Erdnussextrakt (p = 0,03) und dem

Latexextrakt (p = 0,01) erhöht, zudem bei Inkubation mit Gräserpollen (p = 0,06), Alternaria Alternata (p = 0,01), Katzenepithel (p = 0,09), Bienengift (p = 0,02) und Wespengift (p = 0,01). Ein signifikanter Unterschied zwischen Allergiker und Nicht-Allergiker zeigte sich nur bei dem Allergen Gräserpollen: Die MFI des FSC-Signals betrug bei allergischen Individuen 483,2 ± 66,1, bei Allergikern 395,4 ± 39,9 (p = 0,07)

Eine signifikante Hochregulation des Adhäsionsmoleküls CD11b wurde durch keine Inkubation mit einem der Allergene hervorgerufen. Zwischen Allergiker und Nicht-Allergiker zeigten sich ebenfalls keine Unterschiede hinsichtlich der CD11b-Expression.

Die MFI der CD63-Expression auf den basophilen Granulozyten nicht allergischer Individuen wurde für die Allergene Walnuss, Erdnuss, Gräserpollen, Alternaria Alternata, Katze, Biene, Wespe und Latex (n = 9 - 13) untersucht. Ausschließlich bei den basophilen Granulozyten, welche mit Alternaria Alternata inkubiert wurden, zeigte sich eine signifikante Erhöhung der CD63- Expression im Verhältnis zu dem PBS-Ansatz (p = 0,09).

4 Diskussion

4.1 Identifikation der eosinophilen Granulozyten am Durchflusszytometer

Die Unterschiede zwischen dem Gating der eosinophilen Granulozyten über CD193[+] und über ihre Autofluoreszenz sind geringfügig, sodass man durch beide Gating-Strategien vergleichbare Ergebnisse erzielt.

Dass bei eosinophilen Granulozyten, welche über ihre Autofluoreszenz gegated werden, die CD63-Expression und das FSC-Signal im gleichen Maße (vier Prozent) höher sind als bei den per CD193[+] gegateten, deutet darauf hin, dass die CD63-Expression und die Größe der Zellen miteinander korrelieren.

Insgesamt ist das Gaten der eosinophilen Granulozyten über ihre Autofluoreszenz dem Gaten über CD193[+] vorzuziehen, da hierfür keine zusätzlichen Antikörper benötigt werden und somit Kosten eingespart werden können.

4.2 Aktivierungsmarker und Positivkontrollen

Bei einer Verweildauer der Proben von 20 Minuten bei 37 Grad konnte durch Stimulation mit den Positivkontrollen keine signifikante Erhöhung der CD63-Expression erzielt werden. Die *Kinetik zur Inkubation bei 37 Grad* konnte allerdings zeigen, dass fMLP eine signifikante CD63-Expression induziert, wenn die Proben für 15 oder 60 Minuten bei 37 Grad inkubiert werden. CD63 befindet sich auf der Granula eosinophiler Granulozyten und gelangt im Rahmen der Exozytose an die Zelloberfläche [22]. Dass es bei einer Verweildauer von > 15 und < 60 Minuten zu keinem signifikanten Anstieg der CD63-Expression kommt, könnte man mit der häufig bei eosinophilen Granulozyten beobachteten piecemeal degranulation erklären. Bei dieser kommt es zwar zu einer Mediatorenausschüttung, allerdings nicht zwingend zu einer Verschmelzung zwischen Granula und Zelloberfläche [38].

Das vor allem von aktivierten T-Zellen exprimierte CD69 wurde weder im PBS, noch im algE- oder fMLP-Ansatz auf den eosinophilen Granulozyten der vier Spender exprimiert (MFI = 0,28). Auch nach einer Inkubationszeit von bis zu vierundzwanzig Stunden bei 37 Grad wurde kein CD69 gemessen. Dieses Ergebnis deckt sich mit der Studie von Nishikawa et al. (1992), welche zwar eine CD69-Expression auf eosinophilen Granulozyten im BAL von Patienten mit eosinophiler Pneumonie feststellten, allerdings keine auf eosinophilen Granulozyten im peripheren Blut. Die Expression von CD69 auf eosinophilen Granulozyten im peripheren Blut konnte in Studien durch die Stimulation mit hämapoetischen Wachstumsfaktoren (IL-3, IL-5 und GM-CSF), mit TPA und mit IL-13 hervorgerufen werden [28] [21].

Eosinophile Granulozyten, welche mit fMLP stimuliert wurden, wiesen einen signifikanten Anstieg der CD11b-Expression auf (p = 0,07). Ebenso wie bei den Versuchen von Moshfegh et al. (2005) [26]. Dies lässt den Entschluss zu, dass CD11b wie von Solovjow et al. (2005) bereits beschrieben [37], mit der Aktivierung eosinophiler Granulozyten im Zusammenhang steht. Bei einer Stimulation der eosinophilen Granulozyten mit aIgE-Ak kam es allerdings zu keiner Hochregulation von CD11b. Als Marker für eine IgE-induzierte Reaktion der Zelle, wie sie bei der Typ-1-Allergie zu beobachten ist [31], scheint CD11b also ungeeignet.

Die *Kinetik zur Inkubation bei 37 Grad* mit n = 18 konnte zeigen, dass das SSC-Signal der eosinophilen Granulozyten bei einer Verweildauer von 20 Minuten im Wasserbad und gleichzeitiger Stimualtion mit fMLP signifikant zunimmt (p = 0,06). Das erhöhte SSC-Signal lässt sich durch die Veränderung der Granula aufgrund der piecemeal degranulation erklären (Abbildung 4).

Die signifikante Vergrößerung (FSC-Signal) der eosinophilen Granulozyten nach Stimulation mit fMLP lässt sich durch den Vorgang der Exozytose erklären. Bei der Exozytose kommt es durch die Verschmelzung der Vesikelmembran kurzzeitig zu einer Vergrößerung der Zelloberfläche. Die Zelloberfläche ist allerdings nur vorübergehend vergrößert, da diese durch den parallel ablaufenden Prozess der Endozytose und somit dem Entstehen von Vesikeln wiederum verkleinert wird [1]. Mit p = 0,02 zeigt das FSC-Signal die größte Veränderungen bei Stimulation mit der Positivkontrolle und ist somit der potenteste Aktivierungsmarker.

Zusammenfassend lässt sich feststellen, dass die eosinophilen Granulozyten durch die Stimulation mit fMLP deutlich größere Veränderungen zeigen, als durch die Stimulation mit aIgE-Ak. Dies bestätigt Studien, die eine deutlich niedrigere FcεRI-Expression auf eosinophilen Granulozyten als auf basophilen Granulozyten beschreiben [20] [36]. Auch der niedrig-affine IgE-Rezeptor (FcεRII) wird nur geringfügig auf den eosinophilen Granulozyten exprimiert [34].

Bei einer möglichen Erweiterung des BAT um die Untersuchung der eosinophilen Granulozyten, sollte man also fMLP als Positivkontrolle dem aIgE-Ak vorziehen.

Manche der ausgetesteten Allergene waren in der Lage die eosinophilen Granulozyten nicht allergischer Individuen zu aktivieren. Die Allergene Walnuss, Erdnuss und Latexextrakt führten sowohl zu einer signifikanten Erhöhung der CD63-Expression, also zu einer Degranulation [22], als auch zu einer Oberflächenvergrößerung (FSC-Signal) der eosinophilen Granulozyten. Zudem war die Zelloberfläche der eosinophilen Granulozyten nach der Stimulation mit den Allergenen Gräserpollen, Alternaria Alternata, Katzenepithel, Bienengift und Wespengift vergrößert. Das FSC-Signal scheint also der sensitivste Aktivierungsmarker der eosinophilen Granulozyten zu sein, da dieser auf die meisten Allergene reagierte.

Im Gegensatz zu den Versuchsreihen von Svensson et al. (2004) konnte in dieser Arbeit durch keines der Allergene eine signifikante Erhöhung der CD11b-Expression auf den eosinophilen Granulozyten erzielt werden. Svensson et al. wiesen nach Inkubation sowohl mit Milbenallergen als auch mit Katzenepithel eine Erhöhung der CD11b-Expression auf eosinophilen Granulozyten nach. Allerdings inkubierten Svensson et al. die Zellen 18 Stunden und nicht wie in dieser Arbeit nur 20 Minuten mit den Allergenen [40].

Durch die Messung von dem Endotoxin LPS in den Allergenextrakten schlossen Svensson et al. eine artifizielle Aktivierung der eosinophilen Granulozyten aus. In dieser Arbeit wurden hierfür parallel die basophilen Granulozyten untersucht. Bei einer Kontamination der Allergene müssten diese ebenso wie die eosinophilen Granulozyten künstlich stimuliert werden. Dies war allerdings ausschließlich bei dem Allergen Alternaria Alternata zu beobachten, sodass keine Verunreinigung der übrigen Allergene angenommen werden muss. Bestimmte Allergene sind also in der Lage in vitro eosinophile Granulozyten direkt zu stimulieren.

Die eosinophilen Granulozyten der allergischen Spender zeigten bei keinem der Allergene signifikant erhöhte Aktivierungsmarker. Bei Inkubation mit Gräserpollen beziehungsweise frühblühenden Bäumen war die CD63-Expression beziehungsweise das FSC-Signal sogar deutlich niedriger als bei denen von Nicht-Allergikern. Bei den verwendeten Allergenen und den untersuchten Aktivierungsmarkern ist eine Differenzierung zwischen Allergiker und Nicht-Allergiker also nicht möglich.

5 Zusammenfassung und Ausblick

Aus medizinisch-technischer Sicht stellt die Erweiterung des Basophil Activation Test (BAT) um die Untersuchung der eosinophilen Granulozyten keine Problematik dar. Die eosinophilen Granulozyten lassen sich über ihre Autofluoreszenz gaten und eine Aktivierung der Zellen ließe sich über das erhöhte FSC-Signal, gegebenenfalls auch über die erhöhte CD63-Expression, untersuchen, sodass keine zusätzlichen Antikörper für den Test benötigt werden würden. Das FSC-Signal von aktivierten eosinophilen Granulozyten ist bei einer Verweildauer von 20 Minuten im auf 37 Grad temperierten Wasserbad am höchsten. Diese Verweildauer entspricht dem herkömmlichen BAT-Protokoll. Das ebenfalls im BAT gebräuchliche fMLP konnte eine starke Aktivierung der eosinophilen Granulozyten hervorrufen und eignet sich daher auch für diese als Positivkontrolle.

Durch die zusätzliche Untersuchung der eosinophilen Granulozyten wäre also weder ein abweichendes Verfahren erforderlich, noch würden zusätzliche Kosten durch gesonderte Antikörper oder Reagenzien anfallen.

Für die Beurteilung des klinischen Nutzen der zusätzlichen Untersuchung der eosinophilen Granulozyten war diese Arbeit beschränkt, da nur eine geringer Anzahl an pathologischen Spenderblütern zur Verfügung stand. Zudem war das Krankheitsbild auf die Typ-1-Allergie beschränkt.

Für die Typ-1-Allergie, zumindest für die Hausstauballergie, für den Heuschnupfen und die Katzenhaarallergie, ergibt sich kein Mehrwert durch die Untersuchung der eosinophilen Granulozyten. Die eosinophilen Granulozyten von Allergikern und Nicht-Allergikern wurden durch die Stimulation mit dem entsprechenden Allergen im gleichen Maße aktiviert.

Nichtdestotrotz könnte die Erweiterung des BAT um die Untersuchung der eosinophilen Granulozyten helfen, die Diagnostik anderer Krankheiten zu verbessern, beispielsweise eosinophiler Gastroenteropathien. Hierzu zählt unter anderem die eosinophile Ösophagitis (EoE), welche histologisch durch eine Anreicherung der eosinophilen Granulozyten gekennzeichnet ist. Diese ist endoskopisch nur schwer von den Refluxerkrankungen zu unterscheiden, somit ist eine Ösophagusschleimhautbiopsie meist unausweichlich. Aber auch diese führt nicht immer direkt zu einer sicheren Diagnose, da es gilt den histologischen Hinweis auf eine EoE von Erkrankungen wie der Zöliakie oder Morbus Crohn zu differenzieren [30]. Fünfzig Prozent der Patienten mit EoE weisen eine Typ-1-Allergie auf [41], drei Viertel der Kinder mit einer EoE haben eine erhöhte Eosinophilenzahl im peripherem Blut [23]. Diese Tatsachen lassen die Theorie zu, dass eine durchflusszytometrische Untersuchung der Eosinophilen-Aktivierung die Diagnostik der EoE erweitern und somit verbessern könnte.

6 Literaturverzeichnis

1. Alberts B, Nover L (2012) Lehrbuch der molekularen Zellbiologie, 4. vollst. überarb. Aufl. Wiley-VCH, Weinheim.

2. Arnold V, Kapp A, Klimek L, Werfel T (2002) Allergische Entzündungen. Zur Pathophysiologie, Diagnostik und Therapie ; 41 Tabellen. Thieme, Stuttgart [u.a.].

3. Bochner B S, Gleich G J (2010) What targeting eosinophils has taught us about their role in diseases. The Journal of allergy and clinical immunology 126: 16-25; quiz 26-7.

4. Boumiza R, Monneret G, Forissier M-F, Savoye J, Gutowski M-C, Powell W S, Bienvenu J (2003) Marked improvement of the basophil activation test by detecting CD203c instead of CD63. Clin Exp Allergy 33: 259–265.

5. Bühring H,Rathke B, Valent P (2007) Zelluläre Diagnostik. Grundlagen, Methoden und klinische Anwendungen der Durchflusszytometrie. Karger, Basel.

6. Crivellato E, Nico B, Mallardi F, Beltrami C, Ribatti D Piecemeal Degranulation as a General Secretory Mechanism? The Anatomical Record 2003: 778–784.

7. Demoly P, Bousquet J (2002) Drug allergy diagnosis work up. Allergy: 37–40.

8. Dvorak A M, Estrella, P.Ishizava, T. (1994) Vesicular transport of peroxidase in human eosinophilic myelocytes. Clin Exp Allergy 24: 10–18.

9. Dvorak HF, Dvorak AM Basophilic leucocytes: structure, function and role in disease. Clinical Haematology 1975: 651–683.

10. Ehrlich P Beiträge zur Kenntnis der granulierten Bindegewebszellen und der eosinophilen Leukozyten. In: Arch Anat Physiol, S. 166–169.

11. Ethier C, Lacy P, Davoine F (2014) Identification of human eosinophils in whole blood by flow cytometry. Methods in molecular biology (Clifton, N.J.) 1178: 81–92.

12. Gamboa P, Sanz ML, Caballero MR, Urrutia I, Antépara I, Esparza R, de Weck AL The flow-cytometric determination of basophil activation induced by aspirin and other non-steroidal anti-inflammatory drugs (NSAIDs) is useful for in vitro diagnosis of the NSAID hypersensitivity syndrome. Clin Exp Allergy 2004 Sep: 1448–1457.

13. Gleich J (2015) History of IES. The IES - A Short History. http://www.eosinophil-society.org/about-ies/history-of-ies (22.06.2015).

14. Handin R I, Lux S E, Stossel T P (2003) Blood: Principles and Practice of Hematology. Lippincott Williams & Wilkins.

15. Julie L, Vito S, Marjoke M, Kathleen J De Knop, Chris H Bridts, Luc S De Clerck, Didier G The Basophil Activation Test in the Diagnosis of Immediate Drug Hypersensitivity. Expert Review of Clinical Immunology 2011: 349–355.

16. Kern W F (2002) PDQ Hematology. B.C. Decker.

17. Kitani S, Berenstein E, Mergenhagen S, Tempst P, Siraganian RP (1991) A cell surface glycoprotein of rat basophilic leukemia cells close to the high affinity IgE receptor (Fc epsilon RI). Similarity to human melanoma differentiation antigen ME491. The Journal of Biological Chemistry: 1903–1909.

18. Klein J, Horejsí V (1997) Immunology, 2nd ed. Blackwell Scientific, London.

19. Knol E F, Mul F P, Jansen H, Calafat J, Roos D (1991) Monitoring human basophil activation via CD63 monoclonal antibody 435. Journal of Allergy and Clinical Immunology 88: 328–338.

20. Lee J J, Rosenberg H F (2013) Eosinophils in health and disease. Academic Press, London.

21. Luttmann W (1996) Activation of human eosinophils by IL-13. Induction of CD69 surface antigen, its relationship to messenger RNA expression, and promotion of cellular viability: 1678–1683.

22. Mahmudi-Azer S (2002) Translocation of the tetraspanin CD63 in association with human eosinophil mediator release. Blood 99: 4039–4047.

23. Marlais M, Francis N D, Fell, J M E, Rawat D J (2011) Blood tests and histological correlates in children with eosinophilic oesophagitis. Acta paediatrica (Oslo, Norway : 1992) 100: e75-9.

24. Matsumoto K, Bochner BS, Wakiguchi H, Kurashige T (1999) Functional expression of transmembrane 4 superfamily molecules on human eosinophils. Int Arch Allergy Immunol.: 38–44.

25. Melo, Rossana C N, Spencer L A, Perez, Sandra A C, Neves J S, Bafford S P, Morgan E S, Dvorak A M, Weller P F (2009) Vesicle-mediated secretion of human eosinophil granule-

derived major basic protein. Laboratory investigation; a journal of technical methods and pathology 89: 769–781.

26. Moshfegh A, Lothian C, Halldén G, Marchini G, Lagercrantz H, Lundahl J (2005) Neonatal eosinophils possess efficient Eotaxin/IL-5- and N-formyl-methionyl-leucyl-phenylalanine-induced transmigration in vitro. Pediatric research 58: 138–142.

27. Murphy K, Travers P, Janeway C, Kenneth P (2009) Immunologie, 7. Aufl. Spektrum, Akad. Verl, Heidelberg.

28. Nishikawa K, Morii T. Ako H, Hamada K, Saito S, Narita N (1992) In vivo expression of CD69 on lung eosinophils in eosinophilic pneumonia: CD69 as a possible activation marker for eosinophils 90: 169–174.

29. Ramya G, Nutman T (1997) Identification of Eosinophils in Lysed Whole Blood Using Side Scatter and CD16 Negativity. Cytometry: 313–316.

30. Rodeck B, Zimmer K P (2013) Pädiatrische Gastroenterologie, Hepatologie und Ernährung. Springer.

31. Roitt I M, Brostoff J, Male D K (2001) Immunology, 6th ed. Mosby, Edinburgh, New York.

32. Rosenberg H F, Dyer K D, Foster P S (2013) Eosinophils: changing perspectives in health and disease. Nature reviews. Immunology 13: 9–22.

33. Sainte-Laudy J, Sabbah A, Vallon C, Guerin J C (1998) Analysis of anti-IgE and allergen induced human basophil activation by flow cytometry. Comparison with histamine release. Inflammation Research 47: 401–408.

34. Sano H, Munoz, NM, Sano A (Hrsg.) (1999) Upregulated surface expression of intracellularly sequestered Igepsilon receptors (FcepsilonRII/CD23) following activation in human peripheral blood eosinophils.

35. Santos A F, Douiri A, Bécares N, Wu S-Y, Stephens A, Radulovic S, Chan, Susan M H, Fox A T, Du Toit G, Turcanu V, Lack G (2014) Basophil activation test discriminates between allergy and tolerance in peanut-sensitized children. The Journal of allergy and clinical immunology 134: 645–652.

36. Sihra BS, Kon OM, Grant JA, Kay AB Expression of high-affinity IgE receptors (Fc epsilon RI) on peripheral blood basophils, monocytes, and eosinophils in atopic and nonatopic

subject: relationship to total serum IgE concentrations. Journal of Allergy and Clinical Immunology 1997: 699–706.

37. Solovjov D A, Pluskota E, Plow E F (2005) Distinct roles for the alpha and beta subunits in the functions of integrin alphaMbeta2. The Journal of Biological Chemistry 280: 1336–1345.

38. Spencer L A, Bonjour K, Melo, Rossana C N, Weller P F (2014) Eosinophil secretion of granule-derived cytokines. Frontiers in immunology 5: 496.

39. Steinbach K, Schick P, Trepel F, Raffler H, Dührmann J, Heilgeist G, Heltzel W, Li K, Past W, Woerd-de Lange, J. A. Theml H, Fliedner T M, Begemann H (1979) Estimation of kinetic parameters of neutrophilic, eosinophilic, and basophilic granulocytes in human blood. Blut 39: 27–38.

40. Svensson Lena, Rudin Anna, Wenneras Christine Allergen extracts diretly mobilize and activate human eosinophils. Eur. J. Immunol. 2004: 1744–1751.

41. Trautmann A, Kleine-Tebbe J (2013) Allergologie in Klinik und Praxis. Allergene, Diagnostik, Therapie, 2. vollst. überarb. und erw. Aufl. Thieme, Stuttgart, New York, NY.

42. Weil J, Chused M (1981) Eosinophil Autofluorescence and its Use in Isolation and Analysis of Human Eosinophils Using Flow Microfluorometry. Blood.

43. Yazdanbakhsh M, Eckmann C M, Koenderman L, Verhoeven A J, Roos D (1987) Eosinophils do respond to fMLP. Blood 70: 379–383.

7 Abbildungsverzeichnis

8 Anhang

<u>Fragebogen zum Allergiestatus</u>

Spendernummer (wird vom Labor ausgefüllt):________________

Name: ____

Geburtsdatum: ____________________

Email/Handy (für Allergiebefund): ____

Hast du eine Allergie gegen folgende Allergene (bitte zutreffendes ankreuzen):

- Gräser-Pollen   nein □   ja: stark □ ;schwach □   nicht bekannt □
- Frühblühende Bäume   nein □   ja: stark □ ;schwach □   nicht bekannt □
- Getreide-Pollen   nein □   ja: stark □ ;schwach □   nicht bekannt □
- Hausstaub/Milben   nein □   ja: stark □ ;schwach □   nicht bekannt □
- Schimmelpilz   nein □   ja: stark □ ;schwach □   nicht bekannt □
- Hunde   nein □   ja: stark □ ;schwach □   nicht bekannt □
- Katzen   nein □   ja: stark □ ;schwach □   nicht bekannt □
- Latex   nein □   ja: stark □ ;schwach □   nicht bekannt □
- Bienengift   nein □   ja: stark □ ;schwach □   nicht bekannt □
- Wespengift   nein □   ja: stark □ ;schwach □   nicht bekannt □
- Erdnüsse   nein □   ja: stark □ ;schwach □   nicht bekannt □
- Walnüsse   nein □   ja: stark □ ;schwach □   nicht bekannt □
- Haselnüsse   nein □   ja: stark □ ;schwach □   nicht bekannt □

Hast du in letzter Zeit Medikamente gegen deine Allergie eingenommen?   Nein □   Ja □

Auf welche der oben genannten Allergene würdest du dich gerne testen lassen?

____

Vielen Dank, dass du mitmachst!